# Recursos lúdicos

Aprendiendo de forma divertida.

Scarlet C. Rueda M.

Elaborado por:
Scarlet C Rueda M.
Primera edición
ISBN
Impresión
©Scarlet C. Rueda M. 2022.
Todos los derechos reservados.


DISTRIBUIDORES AUTORIZADOS:
Academia de Aprendizaje Asistido AAA.
   *https://aprendizajeasistido.wixsite.com/cursos*

*Profesora: Scarlet C. Rueda M*
*Numero de celular: +57-3158760172*




No se permite la reproducción total, ni parcial de este libro ni su incorporación a un sistema informático ni su transmisión en cualquier forma o por cualquier medio, sea esté mecánico, electrónico, por fotocopia, por grabación u otros medios, sin el permiso previo y por escrito de su editor. La infracción de los derechos mencionados puede ser constitutiva de delito contra la propiedad intelectual.

*Scarlet C. Rueda M.*

## Introducción

Esta obra tiene como objetivo fundamental, reforzar en los niños y jóvenes la concentración, ampliar sus conocimientos, optimizar la habilidad para tomar decisiones e incentivar su creatividad, mientras adquiere un vocabulario propio de la matemática.

Por otra parte, se ofrecen recursos lúdicos, muy fácil de elaborar y usar para reforzar o iniciar temas, en clases, como apoyo a los docentes que se dedican a la enseñanza, adaptable a cualquier área del saber.

La autora.

Contenido
**Unidad 1**
Sopa de letras #1..................................................................7
Sopa de letras #2..................................................................6
Sopa de letras#3...................................................................7
Sopa de letras #4..................................................................8
Sopa de letras #5..................................................................9
Crucigrama.........................................................................10
Descubre la idea de Vygotsky.............................................11
Criptograma #1.................................................................. 12
Criptograma #2...................................................................13
Criptograma # 3..................................................................14
Cruza símbolos #1..............................................................15
Cruza símbolos #2..............................................................16
Cruza letras #1................................................................... 17
Cruza letras #2...................................................................18
Cruza letras #3...................................................................19

**Unidad 2**

...................................................................................................22

¿Quién soy?..............................................................................23

Adivina la vocal........................................................................24

Adivina los números. ..............................................................25

Adivina, la palabra...................................................................26

Adivina ¡Que fácil están! ........................................................27

Adivina la consonante .............................................................28

¿Dónde estoy? ........................................................................29

¿Quién soy?..............................................................................30

Adivina, adivinador...................................................................31

Adivina el objeto ................................................................ 33

Adivina el animal ................................................................ 34

Adivina la fruta ................................................................... 35

¿Me conoces? ................................................................... 36

¿Qué es? ........................................................................... 37

Sube el telón y baja el telón. ............................................. 38

¿Qué será, que será? ........................................................ 39

Un cuento .......................................................................... 40

Una anécdota .................................................................... 41

Chistes ............................................................................... 42

**Unidad 3.**

Soluciones de los pasatiempos de la unidad 1 ................ 43

Respuestas a las adivinanzas de la unidad 2 .................. 44

Semblanza de la autora .................................................... 45

Scarlet C. Rueda M.

# Unidad 1

# Pasatiempos

PASATIEMPOS: ES UN RECURSO LÚDICO QUE CONSTITUYE UNA HERRAMIENTA IMPORTANTE PARA REFORZAR Y OPTIMIZAR EL APRENDIZAJE. ENTRE LOS MÁS CONOCIDOS ESTÁN:
CRUCIGRAMAS,
SOPAS DE LETRAS,
CRUZA SÍMBOLOS.

Scarlet C. Rueda M.

## Sopa de letras #1.

| r | p | e | r | i | m | e | t | r | o | s | p | o | i | c | a | p | s | e | o |
|---|---|---|---|---|---|---|---|---|---|---|---|---|---|---|---|---|---|---|---|
| e | c | l | i | n | e | a | r | e | c | t | a | a | r | o | t | y | o | i | l |
| c | u | q | a | e | r | c | i | r | c | u | l | o | r | u | n | u | i | o | u |
| t | a | d | l | f | g | h | a | j | k | a | r | e | a | a | l | a | ñ | p | g |
| a | d | s | e | a | z | x | n | c | v | b | n | a | m | ñ | l | o | l | i | n |
| n | r | f | l | h | t | w | g | f | m | n | b | r | v | y | y | e | o | p | a |
| g | a | g | a | v | k | c | u | b | o | o | p | e | n | s | a | r | l | d | e |
| u | d | g | r | n | i | a | l | e | e | s | f | e | r | a | s | e | r | a | s |
| l | o | a | a | t | f | u | o | n | a | s | o | t | n | u | p | k | r | t | s |
| o | a | f | p | o | r | d | n | i | l | i | c | e | i | p | t | n | e | o | a |

## Geometría

| Ángulo | Área | Esferas |
|---|---|---|
| Espacio | Circulo | Cilindro |
| Cubo | Cuadrado | Línea recta |
| Paralela | Perímetro | Puntos |
| Plano | Rectángulo | Triángulo |

Scarlet C. Rueda M.

## Sopa de letras #2.

| m | c | m | w | q | e | r | l | i | b | r | a | a | r | m | u | s | s | h | x |
|---|---|---|---|---|---|---|---|---|---|---|---|---|---|---|---|---|---|---|---|
| i | t | e | o | y | d | a | e | h | e | v | o | l | g | i | k | h | o | l | p |
| l | u | r | n | s | c | m | e | t | r | o | m | a | r | n | r | e | m | r | o |
| i | l | u | i | t | j | a | r | d | m | h | o | r | a | u | s | c | a | r | s |
| l | m | u | i | l | i | t | r | o | p | l | ñ | z | m | t | z | d | r | u | e |
| i | t | k | i | l | o | m | e | t | r | o | s | l | o | o | k | j | g | i | g |
| t | a | a | a | d | f | g | e | j | k | j | h | l | m | s | n | b | o | o | u |
| r | j | l | h | s | e | s | a | t | n | r | f | r | g | n | g | p | l | e | n |
| 0 | c | c | v | s | s | o | d | a | r | g | n | e | d | n | r | m | i | a | d |
| s | l | p | o | s | d | e | r | a | ñ | o | h | d | s | e | b | n | k | m | o |

## Unidades de medidas

| Centímetro | Grados | Gramo |
|---|---|---|
| Hora | Kilogramos | Kilómetros |
| Litro | Libra | Metro |
| Mililitros | Minutos | Segundo |

Scarlet C. Rueda M.

## Sopa de letras #3.

| r | i | t | q | g | r | a | f | i | c | a | w | e | r | t | y | u | i | f | o |
|---|---|---|---|---|---|---|---|---|---|---|---|---|---|---|---|---|---|---|---|
| e | n | c | a | x | z | a | s | d | m | f | g | h | j | k | l | ñ | r | p | r |
| c | t | p | o | b | l | a | c | i | o | n | v | b | n | m | y | e | r | t | a |
| o | e | e | o | t | l | z | a | p | d | o | s | a | c | t | c | a | t | o | z |
| l | r | s | o | d | p | a | o | s | a | e | s | u | m | u | r | p | n | m | i |
| e | p | m | u | e | s | t | r | a | o | e | s | o | e | a | j | r | e | a | n |
| c | r | p | o | r | c | e | n | t | u | a | l | n | d | o | u | e | c | s | a |
| t | e | c | t | e | o | d | u | b | i | i | c | y | i | n | r | n | r | i | g |
| a | t | o | a | d | a | t | o | s | l | i | a | o | a | e | g | u | o | g | r |
| r | a | d | s | i | s | n | a | c | a | e | d | t | o | a | l | a | p | h | o |

## Estadística

| Datos | Frecuencia | Grafica |
|---|---|---|
| Interpreta | Media | Moda |
| Muestra | Organizar | Población |
| Porcentual | Recolectar | Tabla |

## Sopa de letras #4.

| a | l | a | u | g | i | m | i | p | g | o | e | m | e | n | o | r | l | r | a |
|---|---|---|---|---|---|---|---|---|---|---|---|---|---|---|---|---|---|---|---|
| m | e | n | o | s | a | t | e | a | d | o | s | a | q | l | b | e | d | t | e |
| l | p | t | a | l | o | t | a | r | s | d | i | y | e | u | a | o | s | o | n |
| l | a | d | n | i | u | a | c | e | t | y | a | o | m | a | r | r | t | n | t |
| t | e | g | u | e | i | a | c | n | u | m | e | r | o | n | r | a | m | o | r |
| c | o | m | p | a | r | a | t | t | i | u | a | s | e | g | a | u | s | y | e |
| m | a | p | e | r | p | e | g | e | l | a | d | r | i | l | s | a | i | r | a |
| a | e | a | ñ | a | m | e | f | s | a | m | a | c | t | l | e | f | d | o | m |
| s | t | n | p | o | r | s | s | i | o | l | d | i | c | e | y | d | a | i | n |
| e | u | o | q | s | e | l | g | s | d | n | a | a | i | v | l | n | e | y | a |

## Signos y símbolos

| Barras | Entre | Igual |
|---|---|---|
| Diferente | Letra | Mas |
| Mayor | Menor | Menos |
| Número | Paréntesis | Por |

Scarlet C. Rueda M.

## Sopa de letras #5.

| m | d | p | r | o | d | u | c | t | o | d | m | m | i | o | s | a | o | r | a |
|---|---|---|---|---|---|---|---|---|---|---|---|---|---|---|---|---|---|---|---|
| i | u | r | e | p | s | e | a | 0 | m | i | u | i | e | s | m | p | r | d | i |
| t | u | l | s | a | s | l | i | i | n | v | l | n | r | a | z | a | i | d | c |
| g | d | n | t | b | o | a | n | f | n | i | t | u | o | c | d | c | i | a | n |
| e | a | d | o | o | f | z | a | i | d | i | e | d | l | i | u | i | s | e |
| n | s | r | o | s | n | a | i | d | s | e | p | n | d | o | x | z | v | c | r |
| s | u | s | t | r | a | c | c | i | o | n | l | d | n | t | e | o | i | r | e |
| a | m | i | c | n | m | t | a | b | a | d | i | o | p | s | o | r | d | m | f |
| t | a | e | r | n | u | o | d | n | u | o | c | o | c | i | e | n | t | e | i |
| e | f | a | r | u | s | r | o | d | n | e | a | r | t | s | u | s | s | u | d |

## Palabras usadas en matemáticas

| Adición | Cociente | Diferencia |
|---|---|---|
| Dividendo | Dividir | Divisor |
| Factor | Minuendo | Multiplica |
| Producto | Residuo | Suma |
| Sumandos | Sustracción | Sustraendo |

Scarlet C. Rueda M.

## Crucigrama

|   | a | b | c | d | e | f | g | h | i | j | k | l | m |
|---|---|---|---|---|---|---|---|---|---|---|---|---|---|
| 1 |   |   |   |   |   |   |   |   |   |   |   |   |   |
| 2 |   |   |   |   |   |   |   |   |   |   |   |   |   |
| 3 |   |   |   |   |   |   |   |   |   |   |   |   |   |
| 4 |   |   |   |   |   |   |   |   |   |   |   |   |   |
| 5 |   |   |   |   |   |   |   |   |   |   |   |   |   |
| 6 |   |   |   |   |   |   |   |   |   |   |   |   |   |
| 7 |   |   |   |   |   |   |   |   |   |   |   |   |   |

| Horizontales | Verticales | |
|---|---|---|
| 1) Feliz. –Opuesto al día. | a) Compré | h) Jamás |
| 2) Articulo. -Utiliza | b) Segunda persona del singular del verbo "ir" | i) Animal mamífero de gran tamaño. Que me pertenece. |
| 3) Derivado de la leche. - Digo su nombre | c) Nombre de letra, en plural. Consonantes de "tela" | j) Vehículo de carga |
| 4) Que cae, invertido | d) Fluido sin forma ni volumen propios. Serpiente de gran tamaño | k) Creencia y esperanza personal. |
| 5) Observé, invertido. -Crema aromática y medicinal | e) Rezan | l) sufijo indicativo de "Que tiene el aspecto de", Invertido |
| 6) Micky es un … -. Sopla el globo | f) Articulo determinante | m) Narrar, decir. |
| 7) Tierra rodeada de agua. - Parte del cuerpo que termina en dedos. -carcajearse, invertido | g) Palo usado para suspender una bandera | |

Scarlet C. Rueda M.

Descubre la idea de Vygotsky, sobre el aprendizaje asistido.

| 1 | 5 | 12 | 14 | 5 | 2 |  | 9 | 1 | 20 | 1 | |
|---|---|---|---|---|---|---|---|---|---|---|---|
| 6 | 4 | 16 | 1 | 16 |  |  |  |  | 14 | 5 | 2 |
|  | 16 | 2 | 1 | 11 | 4 | 16 |  |  |  |  |  |
| 3 | 12 | 6 | 1 | 13 | 1 | 6 | 2 | 16 |  | 7 | 2 |
|  | 1 | 13 | 15 | 2 | 12 | 7 | 2 | 15 |  | 7 | 2 |
|  | 5 | 12 | 1 |  |  | 11 | 1 | 12 | 2 | 15 | 1 |
|  |  | 3 | 12 | 7 | 3 | 18 | 3 | 7 | 5 | 1 | 12 |
|  | 6 | 4 | 12 |  | 1 | 20 | 5 | 7 | 1 |  |  |
| 3 | 19 | 17 | 3 | 15 | 12 | 1 |  |  |  |  |  |
| 13 | 4 | 7 | 2 | 11 | 4 | 16 |  |  |  |  |  |
| 10 | 10 | 2 | 8 | 1 | 15 |  |  | 1 |  |  |  |
| 6 | 4 | 12 | 16 | 2 | 8 | 5 | 3 | 15 | 10 | 4 |  |

Coloca la letra en posición según indica el número.

| | | | |
|---|---|---|---|
| 1→A | 6 →C | 11→M | 16→ $S$ |
| 2→E | 7→ D | 12→N | 17→ $T$ |
| 3→I | 8→G | 13 →P | 18→ $V$ |
| 4→O | 9→H | 14 →Q | 19→ $X$ |
| 5→U | 10→L | 15→ $R$ | 20 →Y |

Scarlet C. Rueda M.

# Criptograma #1

| Descubre el valor de cada figura. |
|---|
| 1) 44 + ■ = 10 x ★ = 50 |
| 2) ■ - ★ = 1 |
| 3) ▮ ÷ ▲ = ★ |
| 4) 30 - ▮ = 20 |
| 5) ▮ x ★ -12 = 40 - ▲ |
| 6) ■ + ▲ -3 = ★ |
| ★ → ; ▲ → <br> ▮ → ; (cylinder+triangle) → |

# Criptograma #2.

| Descubre el valor que debe tener x para que se cumpla la igualdad |
|---|
| 1) X-100=0 |
| 2) X+ 235=470 |
| 3) X :28=1 |
| 4) X. (44) =0 |
| 5) 428+ 100=X |
| 6) 765-250=x |
| 7) 3+2+4+6=X |

## Criptograma #3

| Descubre el mensaje | | | | | | | | | | | | |
|---|---|---|---|---|---|---|---|---|---|---|---|---|
| A | B | C | D | E | F | G | H | I | J | K | L | M |
| 10 | 22 | 3 | 16 | 11 | 20 | 9 | 18 | 5 | 14 | 26 | 17 | 13 |
| N | O | P | Q | R | S | T | U | V | W | X | Y | Z |
| 2 | 8 | 6 | 19 | 4 | 12 | 7 | 1 | 21 | 25 | 23 | 15 | 24 |

__ __ __ __ __ __ __ __ __ __ __ __
1   2   3   4   5   6   7   8   9   4   10   13   10

__ __ __ __ __ __ __ __ __ __
11 12   1 2 13 11 2 12 10 14 11

__ __ __ __ __ __ __ __ __ __ __
12 11 3 4 11 7 8 15 6 10 4 10

__ __ __ __ __ __ __ __ __ __ __ __
11 2 7 11 2 16 11 4 17 8 18 10 15

__ __ __ __ __ __ __ __ __ __ __
19 1 11 16 11 12 3 5 20 4 10 4

__ __ __ __ __ __ __ __ __ __ __
17 10 3 17 10 21 11 11 2 19 1 11

__ __ __ __ __ __ __ __ __ __
11 12 7 10 11 12 3 4 5 7 10

# Cruza símbolos. Operaciones

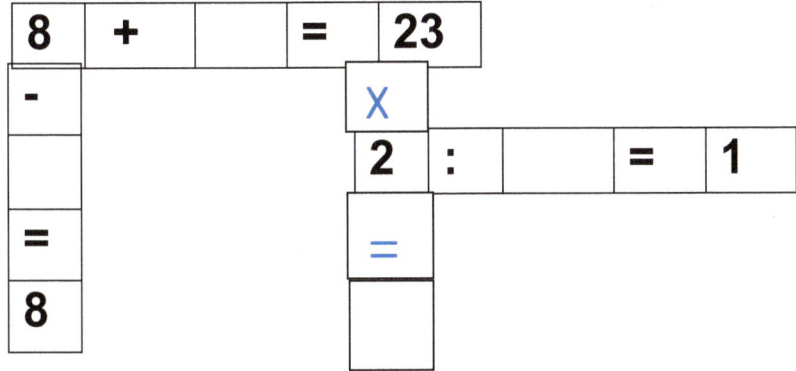

Coloca el símbolo numérico que hace cierta la operación planteada

Scarlet C. Rueda M.

# Cruza símbolos. Relaciones

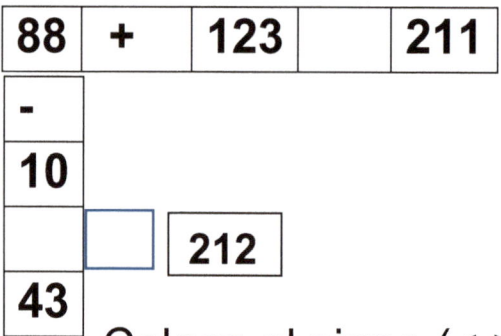

Coloca el signo (<,>, =) que hace cierta la relación planteada.

**Cruza letras.**

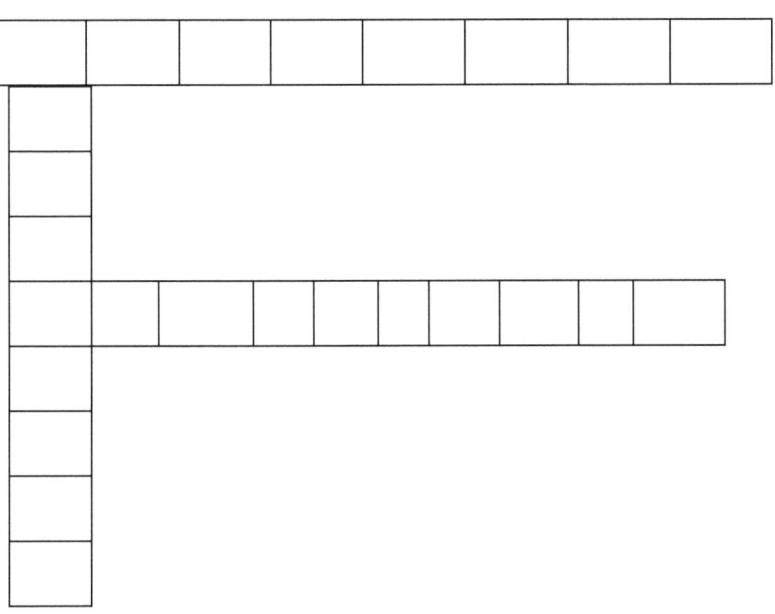

Organiza estas palabras en el cruza letras: Integridad, cortesía, confianza

## Cruza letras

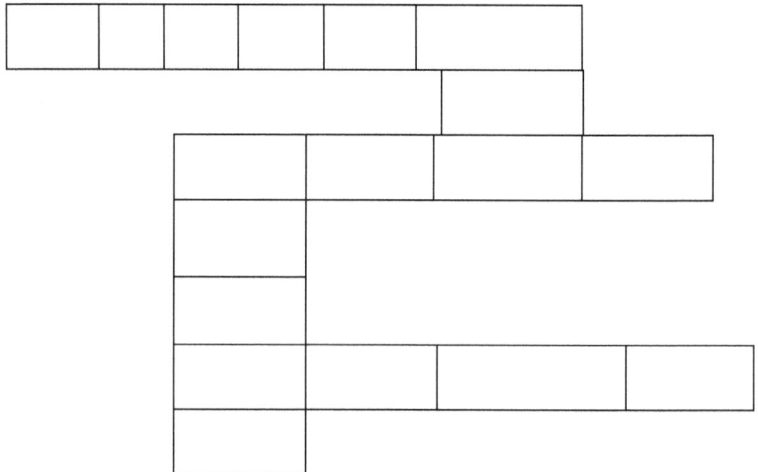

Organiza estas palabras en el cruza letras: flor, cuidar, fresa, rio, sapo

# Cruza letras.

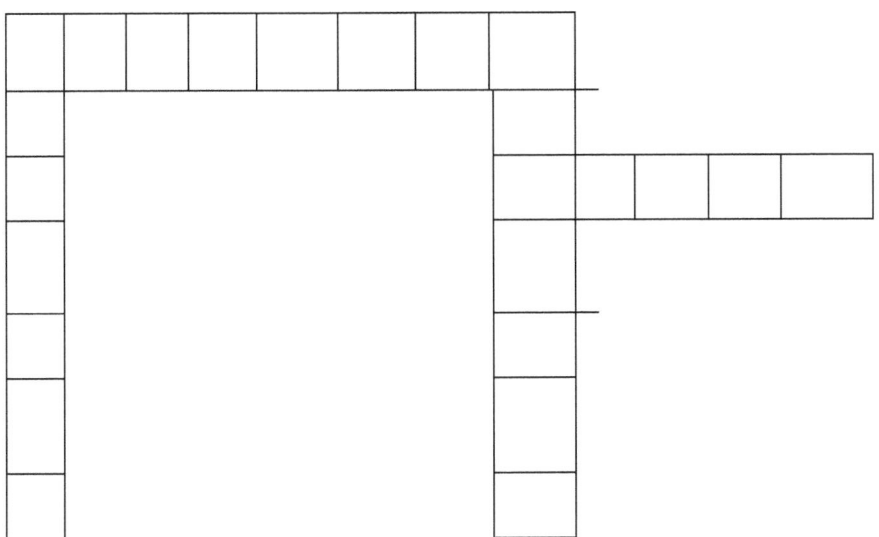

Organiza estas palabras en el cruza letras: tierra, saturno, planetas, puntos

# Unidad 2
# Creaciones literarias

UNA CREACIÓN LITERARIA ES TODA COMPOSICIÓN ESCRITA A TRAVÉS DE LA QUE SE EMITEN MENSAJES Y ENSEÑANZAS. TALES COMO:

CUENTOS, ANÉCDOTAS, ADIVINANZAS ETC.

*Scarlet C. Rueda M.*

¿Quién soy? Una pista yo te doy. Siempre soy el mismo, mi nombre cambia según mi ubicación.

...Cuando estoy antes o después del signo de la adición.

...Cuando estoy antes del signo de la sustracción.

...Cuando estoy antes y/o después del signo de la multiplicación.

...Cuando estoy antes del signo de la división.

...Cuando estoy después del signo de la sustracción.

Cuando estoy después del signo de la división.

.

*Scarlet C. Rueda M.*

## Adivina la vocal

¡) Estoy en medio de rio, no me mojo, ni tengo frio. ¡Adivina usted, quién soy?

¡¡) En medio de cielo estoy, sin ser lucero ni estrella, sin ser sol ni luna bella. ¡Adivina usted quién soy?

Scarlet C. Rueda M.

## Adivina los números.

i) … Represento una unidad, de mi nace el termino único. Y fui el primero que mencionaste al empezar a contar.

ii) … Represento las parejas, de mi nacen los números pares y soy el primero no nulo, cuando cuentas de dos en dos desde el cero.

iii) … Estoy formado por seis decenas, cuatro unidades y dos centenas.

## Adivina, la palabra

¡) Alla arriba choco un carro y aquí abajo late un perro.

¡¡) Agua corre por mi casa cate de mi corazón.

¡¡¡) Es venta, pero no se vende; es Ana, pero no es gente.

*Scarlet C. Rueda M.*

## Adivina ¡Que fácil están!

¡) Si nos sumas damos dobles, si nos restas creamos cero, pero si tú nos divides solo uno obtendrás.

¡¡) Por mucho que nos extiendas nunca vamos a encontrarnos, en el conjunto de rectas nos vamos relacionando.

¡¡¡) Soy tan pequeño que me identifican con la punta de una fina aguja. Pero juntos somos tantos que formamos conjuntos infinitos.

Scarlet C. Rueda M.

## Adivina la consonante

¡) Desde lunes hasta el martes, en llegar la última soy, en sábado soy la primera y en domingo no estoy.

¡¡) La tiene el tigre, pero no el león, dos veces el perro y una el ratón.

¡¡¡) Mi sombrero es una ola, estoy en medio de año, y siempre que digo hola
 estoy bajo un castaño.

Scarlet C. Rueda M.

## ¿Dónde estoy?

¡) … Veo filas y columnas, dónde estoy con otros más, nos llaman datos ordenados y nos van a interpretar.

¡¡) … En esta expresión $m - 1 = 0$ hay una letra, que no sabe dónde está; si en fórmula o ecuación, ella tiene confusión.

Ayúdala y decide cuál es su ubicación.

*Scarlet C. Rueda M.*

## ¿Quién soy?

¡) Tengo hojitas blancas, larga cabellera y conmigo llora toda cocinera.

¡¡) Te la digo, te la digo, te la vuelvo a repetir, te la digo veinte veces y no la sabes decir.

¡¡¡) Una señorita muy engominada, de sombrero verde y blusa colorada.

*Scarlet C. Rueda M.*

## Adivina, adivinador

Si me usas de factor, también el producto soy.

_____

Al cambiar de posición, no varía la solución.

_____

Somos inseparables, pero de orden incambiable.

_____

Si repartes o compartes, me utilizas más que antes.

_____

*Scarlet C. Rueda M.*

Cuando agrupas elementos, que en algo se parecen, yo genero abundancia pues la cantidad crece.

_____

Si tienes muchos sumandos, todos iguales entre sí; mejor úsame y descubrirás más pronto que hay allí.

_____

Si me agregas como sumando, la suma no estaré cambiando.

_____

Scarlet C. Rueda M.

## Adivina el objeto

¡) Tengo agujas y no se cocer, tengo números y no se leer.

¡¡) Habla y no tiene boca, oye y no tiene oído, es chiquito y hace ruido, muchas veces se equivoca.

¡¡¡) Es pequeño como una pera, y puede alumbrar una sala entera.

*Scarlet C. Rueda M.*

## Adivina el animal

¡) Cuál es, de los animales, aquel cuyo nombre, tiene las cinco vocales.

¡¡) En alto vive, en alto mora, en alto teje la tejedora.

¡¡¡) Adivina quién yo soy:
al ir parece que vengo,
y al venir, es que me voy.

*Scarlet C. Rueda M.*

# Adivina la fruta

i) Tengo escamas y no soy pez, camino y no tengo pies, tengo corona y no soy rey.

ii) Oro parece, plata no es y no lo adivinas de aquí a un mes.

iii) ¿Quieres té? ¡Pues toma té! ¿Sabes ya que fruto es?

Scarlet C. Rueda M.

## ¿Me conoces?

¡) Largas y sonoras cuerdas tengo, cuando me las rasgan entretengo.

¡¡) Subo llena y bajo vacía, si no me doy prisa la sopa se enfría.

¡¡¡) Son mis colores tan brillantes, que el cielo alegro en un instante.

*Scarlet C. Rueda M.*

## ¿Qué es?

i) Silva sin labios, corre sin pies, en la espalda te pega y no lo ves.

ii) Tiene ojos, pero no ve, agua, pero no bebe, barba, pero no se afeita.

iii) Con unos zapatos grandes y la cara muy pintada. Es el que hace reír a toda la chiquillada

Scarlet C. Rueda M.

## Sube el telón y baja el telón.

i) Sube el telón, aparece la princesa Elsa, baja el telón.
 Sube el telón, aparece un pato. ¿Cómo se llama la obra?

ii) Sube el telón, aparece una garra de oso, baja el telón.
 Sube el telón, aparece una pata. ¿Cómo se llama la obra?

*Scarlet C. Rueda M.*

## ¿Qué será, que será?

¡) Que siempre está en la puerta y nunca puede entrar

¡¡) Qué no muerde, ni ladra, pero tiene dientes y la casa guarda

¡¡¡) Qué es grande, muy grande, mayor que la Tierra Arde y no se quema, quema y no es candela.

*Scarlet C. Rueda M.*

Adivina mi nombre, como pista te doy, qué una operación soy

¡)… Si soy la abreviatura de la adición reiterada.

¡¡)… Si mi resultado es la diferencia, entre el minuendo y el sustraendo.

¡¡¡)… Si me reconocen cuando tienen que repartir cantidades en partes iguales.

¡¡¡¡)… Si agrupo elementos por su característica común

*Scarlet C. Rueda M.*

## Un cuento

*Un día muy recordado*

Había una vez, en una gran ciudad, vivía un niño, que se interesaba bastante por su aprendizaje, como estudiante, temía, el momento en que le tocara aprender las tablas de multiplicar, pues sus hermanos, que estaban en su segunda etapa del colegio, aún les costaba, por eso pensaba "debo encontrar una forma en que pueda aprenderlas rápido y además recordarlas". De tanto leer y leer, encontró una relación entre aprender las tablas y saber contar, así que comenzó a contar, hacia competencias con sus hermanos sobre contar, en menor tiempo

*Scarlet C. Rueda M.*

posible, de dos en dos, de tres en tres, de cuatro en cuatro, de cinco en cinco, …, de diez en diez, …, de cien en cien etc.

Así fue como al llegar el momento de aprenderse las tablas de multiplicar, le resultó fácil y lo logró rápido, pues jugando a contar había desarrollado una gran habilidad para aprender rápido las tablas. Por eso siempre recuerda ese día.

Una anécdota
## Cuidado con la ubicación.

Recuerdo una clase de religión en que la profesora pregunto ¿Cuáles son las partes de una oración? Y de inmediato, un compañero, qué era nuevo en el grupo, contestó desde su puesto y en voz alta: sujeto, verbo y predicado. Todos nos miramos muy confundidos, cuando la profesora dijo, "cierto, pero no es la oración sino una oración", de inmediato levante la mano y dije; Las partes de una oración son: -Petición, Rendición, Adoración, Confesión y Perdón.

*Scarlet C. Rueda M.*

Chistes:

1)
 Que le dijo el uno al cero.
"No vales nada"

2) Que dice un conjunto sin elementos.
" Me siento vacío"

3) Que les dice la suma a los sumandos:
"No importa como se coloquen yo siempre seré la misma."

# *ANEXOS*

## Soluciones y respuestas

*Scarlet C. Rueda M.*

## Unidad 1
## Soluciones

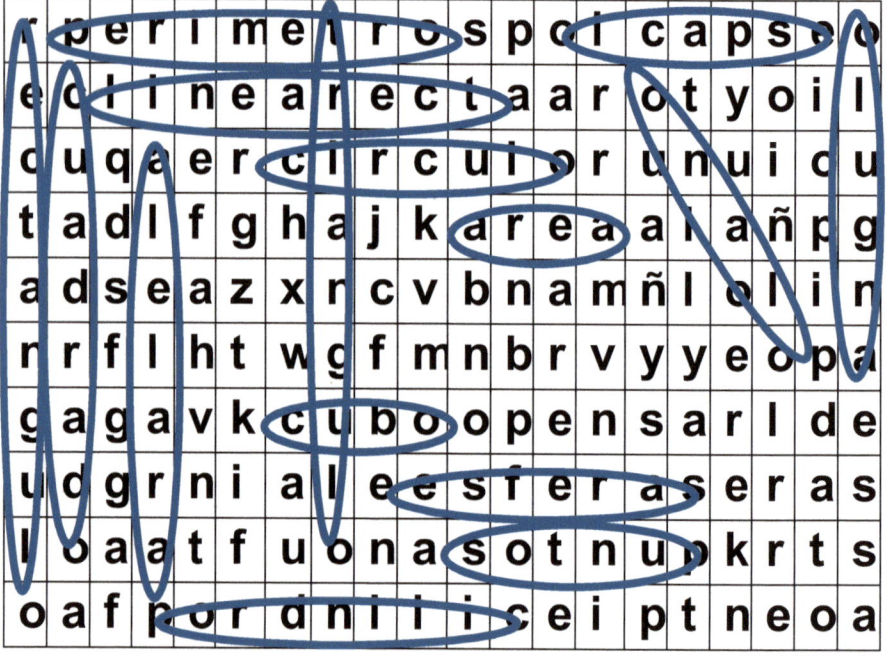

**Sopa de letras #1.**

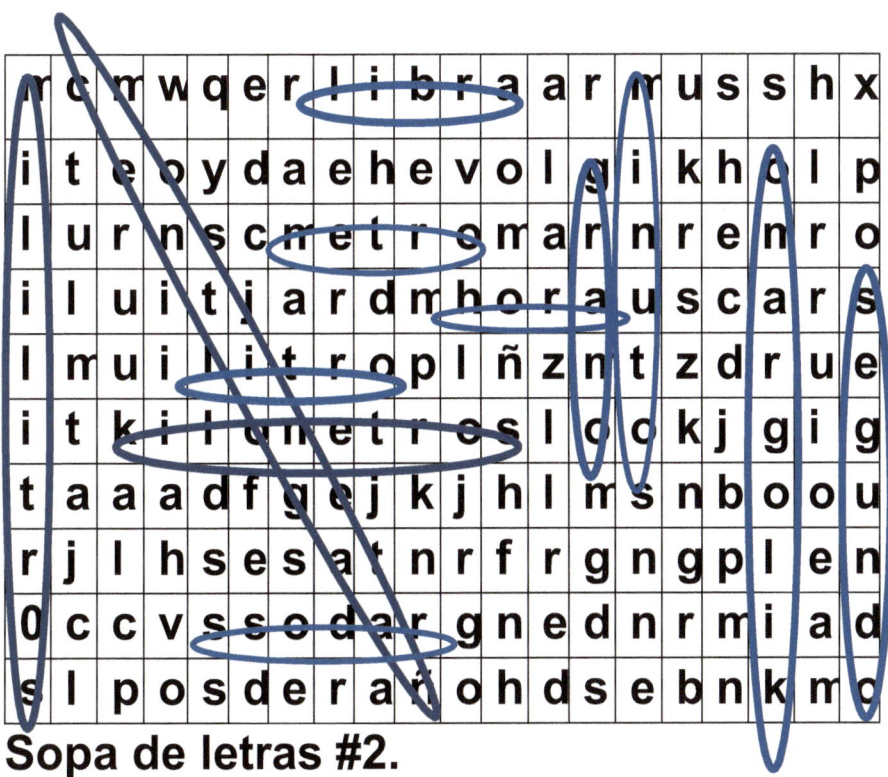

Sopa de letras #2.

Sopa de letras #3.

Scarlet C. Rueda M.

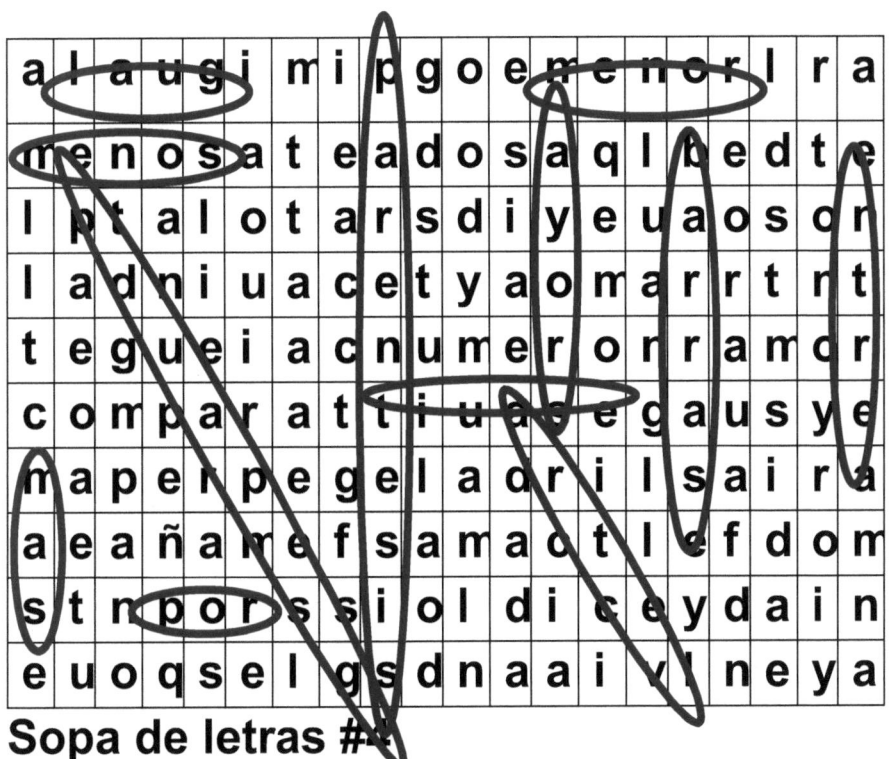

Sopa de letras #4

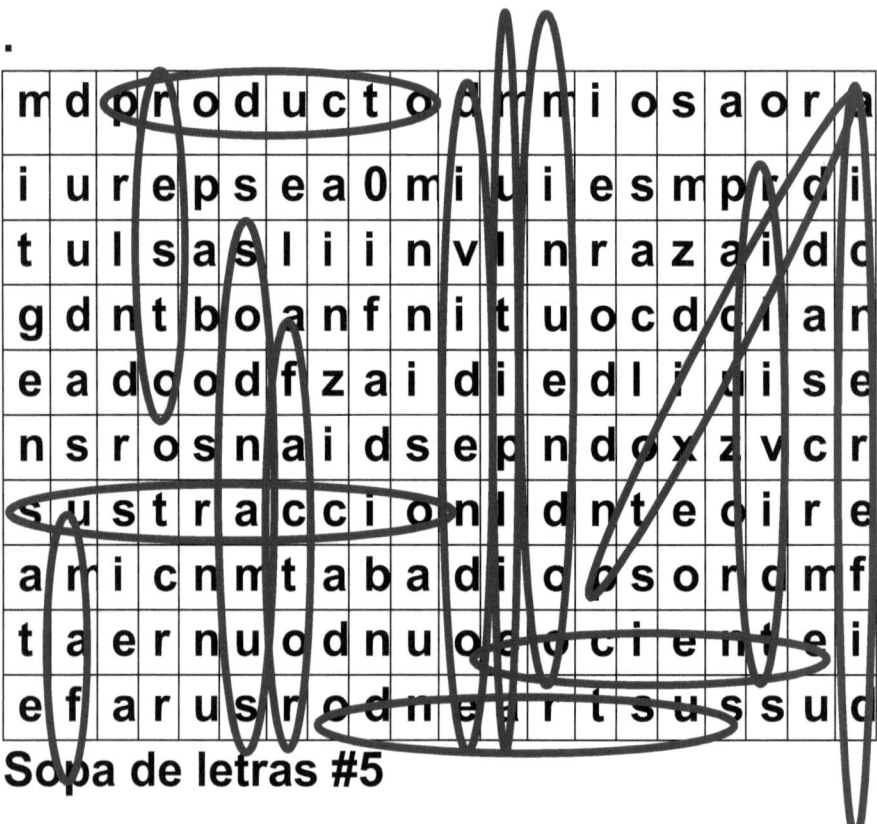

Sopa de letras #5

## Crucigrama.

Scarlet C. Rueda M.

Descubre la idea.

| A | u | n | q | u | e |   | h | a | y | a |   | c | o | s | a | s |   |   |
|---|---|---|---|---|---|---|---|---|---|---|---|---|---|---|---|---|---|---|
| q | u | e |   | s | e | a | m | o | s |   | i | n | c | a | p | a | c | e | s |
|   |   |   | d | e |   |   | a | p | r | e | n | d | e | r |   |   |   |   |
|   |   | d | e |   | u | n | a |   | m | a | n | e | r | a |   |   |   |   |
|   | i | n | d | i | v | i | d | u | a | l |   | c | o | n |   |   |   |   |
| a | y | u | d | a |   | e | x | t | e | r | n | a |   |   |   |   |   |   |
| p | o | d | e | m | o | s |   | l | l | e | g | a | r |   |   | a |   |   |
| c | o | n | s | e | g | u | i | r | l | o |   |   |   |   |   |   |   |   |

*Scarlet C. Rueda M.*

# Criptogramas

| #1. | #2 | #3 |
|---|---|---|
| ★ →5 | 100 | Un criptograma |
|  | 235 | es un mensaje |
|  | 28 | secreto y para |
| ▮ →10 | 0 | entenderlo hay |
|  | 528 | que descifrar la |
|  | 515 | clave en que |
| ▢ →6 | 15 | está escrito. |
| ▲ →2 |  |  |

*Scarlet C. Rueda M.*

# UNIDAD 2 RESPUESTAS A LAS ADIVINANZAS.

- Paginas 4 y 5: Sumandos, minuendo, factores, dividendo, sustraendo, divisor. La "I", la "E"
- Pag. 6: El número uno (1), el número dos (2), el número seiscientoscuarenta y dos(642)
- Pag.7: Chocolate, aguacate, ventana
- Pagina 8: Dos números iguales, las rectas paralelas, el punto.
- Pag. 9: La "S", la "R", La "Ñ".
- pag. 10: En una tabla de datos. En una ecuación.
- Pag.11: La cebolla, la tela, la fresa
- Pag. 12: El cero, conmutatividad, minuendo y sustraendo (dividendo y divisor), la división.
- Pag. 13: Adicion, multiplicación, elemento neutro (el cero)
- Pag.14: Reloj, telefono, bombillo
- Pag. 15: Murcielago, araña, cangrejo
- pag.16: Piña, platano, tomate.
- Pag.17: Instrumento musical de cuerdas (guitarra, cuatro u otro), cuchara, arcoiris.
- pag.18: El viento, el coco, el payaso
- Pag 19: El zapato, la garrapata.
- Pag. 20: El umbral. La llave. El sol.
- Pag.21: La multiplicación, la sustracción, la división, la adici{on.

*Scarlet C. Rueda M.*

## SEMBLANZA DE LA AUTORA

La profesora Scarlet C. Rueda M. es egresada, en la especialidad de Matemática, del Instituto Universitario Pedagógico Experimental "Rafael Alberto Escobar Lara" ubicado en la ciudad de Maracay. Estado Aragua. Venezuela.

Ha incursionado en la docencia desde el subsistema de pre escolar hasta educación superior, incluyendo educación especial. Entre los institutos donde ha desempeñado su labor se cuentan:

I.E.E Pre-escolar de Audición y Lenguaje. "Maracay".
C.P.A.P.E.P "La Candelaria".
E.B "Simón Bolívar" C.B.C "Cruz Verde"
C.B "Magdaleno"
U.B.E "José Rafael Revenga"
ESCUBAFAN
UBA
IUPFAN
IUPE" RAFAEL ALBERTO ESCOBAR LARA"
INCE-EPA
UNEFA.
IUTELV. Maracay.   Entre otros...

Ha publicado otras obras certificadas tales como:
ALGEBRA LINEAL
FISICA BÁSICA
MANUAL PRACTICO DE PLANIFICACIÓN EL AULA PROYECTO PEDAGOGICO. CONTROL ADMINISTRATIVO.
El AULA: MANUAL PARA EL TRABAJO PRÁCTICO DEL DOCENTE ADAPTADO AL NUEVO CURRICULO BASICO NACIONAL. Entre otras.

Otra obra escrita es la serie Jelu- Ruemar, que consta de varios temas con un enfoque para optimizar la enseñanza y el aprendizaje.

Participación en la construcción de una página web. Denominada "Aprendizaje asistido" y Elaboración de videos educativos para el canal de la academia. Para la cual ha elaborado una gran variedad de cursos y entradas para el blog,